ESSAI

SUR

L'ART DE CONJECTURER

EN MÉDECINE.

ESSAI

SUR

L'ART DE CONJECTURER

EN MÉDECINE,

Par C.-A. BRULLEY, Docteur en Médecine de l'Université de Montpellier, Membre de la Société de Médecine de Paris, de la Société Philomatique de la même ville, et Médecin des Hôpitaux de Fontainebleau.

PREMIÈRE PARTIE.

Sine arte conjectandi, nec sapientia philosophi, nec historici exactitudo, nec politici prudentia, nec medici dexteritas consistere potest.

JAC. BERNOUILLI Ars Conjectandi.

A PARIS,

Chez
{ CROULLEBOIS, Libraire, rue des Mathurins.
{ FUSCH, Libraire, même rue.
{ MÉQUIGNON l'aîné, rue de l'École de Médecine.

AN X. — 1801.

A

J.-N. CORVISART,

Professeur de Médecine clinique de l'École de Médecine de Paris, Professeur de Médecine au Collège national de France, Médecin du Gouvernement, et Médecin-adjoint de l'Hospice de l'Unité.

JE vous avois annoncé, mon cher Confrere, un gros volume

sur l'art de conjecturer en médecine, je ne vous envoie qu'un
opuscule.

Parturiunt montes, nascetur ridiculus mus.

Je donne les raisons de ma brie-
veté, en terminant cet essai
que les censeurs sourcilleux trou-
veront peut-être encore trop long.
Au surplus je leur en abandonne
la forme, le plan et le style :
il me sera plus aisé d'en
défendre les principes, en me
mettant sous le bouclier de

Bernouilli qui m'a servi de guide. Patrocle repoussoit les ennemis quand il étoit couvert des armes d'Achille.

Je n'aurois pas entrepris cet ouvrage, sans la persuasion de son utilité, la seule excuse d'un livre de médecine. Je vous l'offre comme à l'un des médecins les plus habiles dans L'ART DE CONJECTURER, dont j'aurois voulu fixer les regles, dans mon écrit, aussi

bien que vous les développez
dans vos savantes leçons.

Fontainebleau, 1er Vendémiaire an 10.

AVANT-PROPOS.

Toutes les sciences et tous les arts ont des principes certains sur lesquels tout le monde s'accorde, et dont l'énoncé seul porte avec lui le caractere de l'évidence ; mais, dans tous les arts et dans toutes les sciences, (les mathématiques exceptées,) l'application des principes est presque toujours conjecturale. Guerriers, jurisconsultes, politiques, historiens, médecins etc., tous sont obligés, dans mille occasions, d'avoir recours à des conjectures. L'art de conjecturer est donc nécessaire à tous ceux qui ne tiennent pas l'équerre et le compas ; s'il se perfectionne, les hommes ne deviendront pas infaillibles, mais ils se tromperont moins souvent.

C'est à cet art qu'un général d'armée doit ses plus brillans succès. L'art mi-

litaire a des principes certains. Un des
plus incontestables est de faire tout le
contraire de ce que veut l'ennemi, à
moins qu'on ne trouve son avantage à
faire ce qu'il veut ; mais l'application
de ce principe est soumise à l'empire
des conjectures. L'ennemi a quelquefois une conduite diamétralement opposée à ses intentions, pour tromper son
adversaire sur ses véritables projets,
et le forcer à les favoriser sans qu'il
s'en doute. Comment alors pouvoir pé-
nétrer ses secrets ? en conjecturant
bien, en se mettant à sa place, en
examinant les motifs de sa conduite
apparente, les raisons qui peuvent le
faire agir ou rester dans l'inaction, l'intérêt qu'il peut avoir à engager une
affaire ou à l'éviter etc. etc. . . . Qu'on
emploie la force ou la ruse, qu'on
attaque ou qu'on se défende, on est
toujours obligé de conjecturer.

Toutes choses égales d'ailleurs, il
est certain que de deux armées enne-

mies, celle dont le général saura le mieux conjecturer, remportera tous les avantages. Il ne tend aucune embûche à son adversaire, que d'après les données qu'il a de son caractere, de ses défauts, de sa témérité, de sa pusillanimité.

Les jurisconsultes passent leur vie à conjecturer. Ne voit-on pas, tous les jours, les plaideurs, les avocats et les juges divisés sur la question de droit la plus simple en apparence, élevée par des hommes de bonne foi, posée de la maniere la plus précise, présentée à la décision des juges les plus éclairés et les plus integres? Le sens de la loi, souvent plus obscur qu'un logogryphe, les bornes de l'esprit du législateur qui n'a pas pu tout prévoir, les avis opposés des commentateurs, les jugemens différens intervenus dans des affaires à peu près semblables, les clauses ambiguës des actes, voilà la source de nos éternels procès et de la malheureuse subtilité avec laquelle on soutient également le pour et le contre. Quand le point de la difficulté a été bien discuté, le tribunal, souvent beaucoup plus indécis qu'avant la discussion, demande *que la lumiere se fasse.* Obligé de se conformer à la lettre et à l'esprit de la loi, il se voit souvent forcé de se mettre à la place du législateur; il examine ce qu'il a dit et ce qu'il a voulu dire, il tâche, en un mot, de former de bonnes conjectures qui, comme des éclairs au milieu de la nuit, lui servent à distinguer les objets, à démêler l'apparence de la réalité, et à rendre à chacun ce qui lui appartient. *Jus est cuique tribuere.* S'il sait bien conjecturer, sa décision porte souvent l'empreinte de l'équité; souvent aussi le plaideur de mauvaise foi obscurcit les questions de droit, et même les questions de fait les plus claires; il entraîne le juge dans un labyrinthe de faibles conjectures. Un homme nie, par

exemple, avoir signé un billet dont on
lui demande le payement; l'a-t-il signé?
voilà la question de fait ; le doit-il?
voilà la question de droit, dont la solution dépend de celle de la premiere
question qu'il est presqu'impossible
de résoudre. Que fait le juge? il or-
donne la vérification d'experts qui com-
parent la signature du billet, à celle
apposée à différens actes, par celui
qui nie en être débiteur; mais quel
guide infidele qu'une pareille vérification? l'écriture d'un homme n'est pas
toujours la même; elle varie suivant
son intention, suivant les lieux et les
temps, suivant les instrumens dont il
se sert, la position de l'ame et du corps
dans laquelle il se trouve. Il est d'ailleurs physiquement possible à d'adroits
fripons d'imiter l'écriture même la plus
difficile. On ne s'en tient pas aux ren-
seignemens fournis par les experts, je
le sais : on consulte la fortune, le
rang, l'état des deux parties, leur ré-

putation , leur conduite antérieure , l'intérêt que l'une peut avoir à faire un faux , et l'autre à nier sa signature ; l'on pese probabilité contre probabilité, indice contre indice , et l'on finit , si l'on sait bien conjecturer , par prendre la moins faible probabilité , pour regle de ses décisions. Plaignons les hommes souvent forcés de se contenter de faibles probabilités , quand ils vont prononcer sur l'honneur , la fortune et le sort de leurs concitoyens.

L'art de conjecturer , si nécessaire aux jurisconsultes , ne l'est pas moins aux hommes qui écrivent ou étudient l'histoire, *ce vaste champ des conjectures*, suivant l'expression de Condillac. C'est cet art qui apprend à découvrir les causes des évenemens , à discuter les faits , et sur-tout les circonstances, pour évaluer leur degré de crédibilité , par le concert, le nombre, l'intérêt et la position des historiens. Comment pourra-t-on prononcer sur les questions qui les divisent, si l'on ne connoît pas l'art de conjecturer ?

Il existe, par exemple, un point de controverse, que vingt volumes ont à peine éclairci. On n'est pas d'accord sur l'époque de l'apparition de la maladie vénérienne en Europe. Est-elle antérieure ou postérieure à la découverte de l'Amérique ? la solution de cette question est plus difficile et plus importante qu'elle ne le paroît au premier coup-d'œil. Pour l'obtenir, suivez les regles délicates de l'art de conjecturer dans l'étude de l'histoire : confrontez les auteurs, pesez leurs raisons et leurs témoignages ; consultez les médecins, les historiens, les poëtes et tous les écrivains de l'antiquité ; comparez à cet assemblage de symptômes qui constituent la syphillis ou maladie vénérienne, les tableaux que les anciens nous ont laissés des maladies qui ont avec elle quelques traits de ressemblance ; examinez si les gonorrhées

virulentes que décrit si clairement la
bible (1), qu'elle déclare contagieuses
et se propageant par le coït, si l'écoulement de la matiere claire et sanieuse,
par la verge , le chancre de cette partie , les abcès du vagin dont parlent
Hippocrate (2), Celse (3), Pline le
jeune , Galien , Juvenal , Martial ,
Gordon et Lanfranc (4), sont ou ne
sont pas des acrimonies locales, dépendantes d'autres acrimonies que du virus
vénérien ; observez si ces maladies locales non vénériennes se présentent

---

(1) *Liber leviticus* , *cap.* xv.

(2) *De naturâ muliebri* , *epid.* vii. *De morbis mulierum.*

(3) *Lib.* iv , *cap.* xxi , *et lib.* vi, *cap.* xvii.

(4) De toutes les autorités qui peuvent servir à l'appui de
l'opinion de ceux qui croient à l'ancienneté de la vérole , je n'en
connois pas qui la favorisent d'avantage que Gordon et Lanfranc.
Gordon, en parlant des ulcères qui surviennent au pénil , leur as-
signe, entr'autres causes, les suivantes : *jacere cum muliere cujus
matrix est immunda , plena sanie aut virulenta.* Lanfranc,
qui a écrit avant lui, s'exprime encore plus clairement : *ulcera
veniunt ex pustulis calidis virgæ supervenientibus , quæ
posteà crepantur , vel ex acutis humoribus, locum ulceran-
tibus, vel ex commixtione cum fœdd muliere quæ cum ægro
talem habente morbum , de novo coiverat.*

encore

encore aujourd'hui. Raisonnez par analogie. « Jugez du rapport qui doit être
» entre les effets , par celui qui est
» entre les causes , et du rapport qui
» doit être entre les causes, par celui
» qui est entre les effets. (*Condillac*)».
Ainsi en admettant l'existence du virus
vénérien dans notre continent, depuis
un temps immémorial , vous devez ad-
mettre aussi que, dans les mêmes lieux
et dans des circonstances pareilles , les
effets et les ravages du virus vénérien
ont dû être, de tout temps, semblables
à ceux qu'on observe aujourd'hui. Si ,
avant la fin du quinzieme siecle, époque
de la découverte du nouveau monde ,
on ne connoissoit ni les effets , ni
même le nom de cet affreux poison,
qui depuis sévit avec tant de fureur
et de persévérance , croyez , avec le
docteur Swediaur , l'homme le plus
instruit qui se soit occupé de cette maladie , que nous la devons à l'Amérique. Cette conjecture , prouvée par

l'observation et l'analogie, procure l'évidence à tout homme qui ne veut pas s'y refuser.

La profession à laquelle on accorde, avec raison, le degré le plus éminent d'utilité, la chirurgie est le plus souvent conjecturale. En effet, cet art consiste moins à faire des opérations qu'à prévoir les événemens heureux ou malheureux qui doivent les suivre. Un chirurgien conjecture sans cesse ; le plus habile est celui qui conjecture le mieux. Il ne prend un parti qu'après avoir pesé toutes les circonstances qui le déterminent à agir ou à rester dans l'inaction, qu'après avoir calculé si le danger d'une opération est plus ou moins grand que celui de l'accident. Jamais, s'il est prudent et instruit, il ne voudra répondre, malgré toutes les apparences, des suites de l'extirpation d'un cancer, de l'amputation d'un membre etc. , parce qu'il n'est jamais certain que la cause qui nécessite l'opération, ne puisse se reproduire, que le vice, d'abord local, n'ait infecté la masse des humeurs, que les forces du malade puissent résister etc., puisque l'opération dont on avoit droit d'attendre le résultat le plus satisfaisant, est quelquefois malheureuse ou ne procure qu'une guérison palliative, et que telle opération, jugée indispensable par les hommes les plus instruits, étoit cependant inutile: aussi le pronostic d'un grand nombre d'opérations est fondé sur des probabilités bien éloignées de la certitude.

Le diagnostic des opérations et des maladies chirurgicales, est souvent lui-même très-conjectural. On ne peut donc en porter de juste, qu'en possédant bien l'art de conjecturer, sans lequel vous prendrez, par exemple, un abcès pour un anévrisme, et un anévrisme pour un abcès. Demandez aux plus habiles chirurgiens combien il est facile de confondre un abcès situé sur le

trajet de gros vaisseaux, avec un anevrisme, et de croire qu'un anevrisme, sur-
tout le second état de l'anevrisme faux
consécutif, soit un abcès, puisqu'il en
réunit presque tous les signes, et qu'il
n'en a presqu'aucun de l'anevrisme.
La douleur, la rougeur et la lividité
de la tumeur, signes d'une sorte d'inflammation, sa forme irréguliere et
bosselée, la presqu'impossibilité d'appercevoir les battemens et la fluctuation, et de diminuer le volume par la
compression, jettent le praticien dans
l'incertitude la plus désolante sur la
nature de cette tumeur. Comment dé-
cider si elle est un anevrisme vrai ou
faux, si même elle est un anevrisme?
C'est en conjecturant bien, en recher-
chant la cause qui l'a produite, la maniere dont elle a crû, etc....... Et
malheureusement toute la sagacité,
toute la pénétration et tout le savoir
possibles, ne garantissent pas toujours
de l'erreur, dans ce cas, comme dans

mille autres dont le diagnostic est souvent si obscur. Ces erreurs cependant
seroient moins fréquentes, si l'on ne
perdoit pas de vue les regles de l'art de
conjecturer, qui sont les mêmes pour
les médecins et pour les chirurgiens ;
car la chirurgie est une partie de la
médecine ; aussi tâcherai-je d'être utile
aux uns et aux autres, en prenant indis-
tinctement pour exemples, à l'appui
des regles, les cas les plus intéressans
de la médecine et de la chirurgie. On
verra que, malgré l'obscurité de certains diagnostics, l'incertitude de beaucoup de pronostics, et même l'impuissance de l'art, dans plusieurs maladies,
la médecine et la chirurgie doivent
être placées au rang des connoissances
les plus utiles et les moins incertaines,
parce qu'une foule de probabilités sur
lesquelles les médecins et les chirurgiens s'appuient dans l'application des
principes, approchent beaucoup de la
certitude. J'établirai que, de probabi-

lités en probabilités, de conjectures en conjectures, nous nous sommes élevés à des connoissances qui semblent hors de la sphere de l'esprit humain.

Si je voulois passer en revue les diverses professions de la société, il me seroit facile de démontrer qu'il n'en est pas une où l'on ne soit obligé de conjecturer. Bien conjecturer est le chef-d'œuvre de l'esprit humain, a dit un auteur célebre. Qu'entendent donc ces hommes injustes et irréfléchis, qui reprochent aux médecins d'exercer un art conjectural? Veulent-ils dire que la médecine n'a aucun principe certain? alors ce n'est plus un art. Prétendent-ils que faire la juste application des principes est la chose impossible? alors Hippocrate, Sydenham, Boerrhaave, Stoll et tous ces hommes de génie anciens et modernes, qui se sont livrés à l'étude de la médecine, n'ont donc aucune supériorité dans cette partie, sur la vieille femme distribuant des recettes , à tort et à travers? Voilà cependant les conséquences absurdes où conduisent la facilité de parler et l'impuissance de raisonner. Les hommes les plus instruits de notre art, en ont démontré le degré de certitude, par les écrits les plus solides (5), et surtout par les services les plus signalés, rendus à la société qui quelquefois ne sait pas les apprécier. J'ose assurer que, si l'on prend la peine d'examiner la chose à fond, on sera plus étonné des progrès, que de l'imperfection de l'art de guérir. Nulle science physique n'a des fondemens différens ni plus solides que la nôtre (6), puisque dans toutes on ne parvient à la certitude ou on n'en approche qu'à l'aide des probabilités. J'ai été tenté de faire l'his-

---

(5) De tous les ouvrages composés dans le dessein de prouver le degré de certitude de la médecine, le meilleur , à mon avis, est celui du Professeur Cabanis. Méthode, style, logique, tout s'y trouve.

(6) *Non aliis nec firmioribus gaudet quævis naturæ scientia fundamentis.* (Gaubii pathologia, p. 9.)

toire rapide de l'esprit humain, pour
prouver, avec Condillac, que les conjectures sont souvent sur le chemin de
la vérité; que c'est aux conjectures bien
faites qu'on doit la juste application des
principes, et que pareillement la plupart des erreurs de ceux qui s'occupent
des sciences physiques, morales ou politiques, prennent leur source dans l'oubli ou l'ignorance des regles de l'art de
conjecturer. Cette grande entreprise
m'auroit trop éloigné de mon but. Je
laisse donc aux lecteurs instruits, le
soin de remplir les intermédiaires. Je
les franchis pour faire la prompte exposition des regles de l'art de conjecturer, et leur application à l'art de
guérir.

ESSAI

SUR

L'ART DE CONJECTURER

EN MÉDECINE.

Je traite un sujet neuf. J'applique l'art
de conjecturer à l'art de guérir. Je ré-
clame avant tout le degré d'attention nécessaire à la lecture de tout ouvrage didac-
tique. Qu'on ne s'effraie pas cependant :
les regles de l'art de conjecturer sont

simples, faciles à saisir et dépendantes les unes des autres. Leur simplicité et leur facilité seront peut-être même un préjugé contre elles, dans l'esprit de ces hommes qui n'estiment un ouvrage qu'à raison de son obscurité. J'espere leur prouver que les préceptes les plus clairs sont aussi les plus féconds.

L'art de conjecturer est l'art d'évaluer les probabilités, le plus exactement qu'il est possible (*a*). Il faut considérer la certitude comme un tout divisible en autant de probabilités qu'on voudra ; une probabilité est donc un degré, une partie de la certitude dont

---

(*a*) *Ars conjectandi nobis definitur ars metiendi, quàm fieri potest exactissimè probabilitates rerum.* (Jac. Bernouilli ars conjectandi.)

elle differe comme la partie differe du tout (*b*). Si la certitude d'un événement est composée de huit parties, c'est-à-dire de huit probabilités, je serai certain que cet événement est, a été ou sera, quand je trouverai réunies les huit probabilités favorables à la vérité de cet événement. Exemple : on peut diviser la certitude de la grossesse en huit parties ou huit degrés de certitude.

La premiere probabilité ou le premier degré de certitude, sera la disparution des regles.

(*b*) *Probabilitas est gradus certitudinis, et ab hâc differt ut pars à toto, nimirùm si certitudo integra, quinque probabilitatibus seu partibus constare supponatur,* etc. (Jac. Bernouilli ars conjectandi.)

Le second degré s'obtiendra par l'apparition des autres signes rationnels, tels que les nausées, les vomissemens, le gonflement des mamelles, etc.

Le troisieme degré se manifestera au deuxieme mois par l'augmentation du volume de la matrice, paroissant au toucher plus grosse qu'un œuf d'oie et arrondie dans tous les sens.

Le quatrieme degré se tirera, le mois suivant, de l'arrondissement et du développement encore plus considérables de la matrice.

Le cinquieme degré de certitude sera formé par l'apparition, au quatrieme mois, du corps de la matrice, au-dessus des os pubis, la situation de ce viscere, au milieu de l'espace compris entre le pubis et l'ombilic, et l'élévation plus grande du museau de tanche paroissant tourné vers le sacrum.

Le sixieme degré de certitude s'annoncera par la saillie, au cinquieme mois, de toute la région hypogastrique, occupée entiérement par la matrice.

Le septieme degré de certitude (ou la septieme probabilité) se tirera des mouvemens spontanés d'un corps étranger, frappant avec assez de force la surface interne de la matrice, mouvemens sentis ordinairement au cinquieme mois, ou à-peu-près, par la femme et par ceux qui mettent la main sur la région hypogastrique.

La huitieme probabilité (ou le huitieme et dernier degré de certitude) s'acquerra entre le cinquieme et sixieme mois, à dater de la suppression des regles, par les mouvemens de ballottement et de déplacement, qu'on imprimera à ce corps étranger, qui frappera alors le doigt introduit dans le vagin.

Lorsqu'on peut réunir ces huit probabilités, on a la certitude qu'il existe dans la matrice un corps étranger qui a pris un développement progressif; et comme on sent ce corps étranger se remuer, s'agiter spontanément, frapper les parois de la matrice et le doigt introduit dans le vagin, on est certain que ce corps ne peut être autre chose qu'un enfant vivant, renfermé dans la matrice et conçu depuis cinq ou six mois.

Le juste degré de certitude est connu, lorsqu'on peut prouver que la probabilité vaut un quart, un tiers, un demi de la certitude. Si , comme je crois

l'avoir établi, on peut diviser la certitude de la grossesse en huit parties
ou huit degrés de certitude, on aura
un quart de la certitude, quand on
aura les deux premiers degrés ; une
demi-certitude, quand on pourra obtenir le troisieme et le quatrieme degré.
Cette demi-certitude forme le doute
proprement dit, et peut être envisagée
comme une espece d'équilibre (c).
On soupçonnera la grossesse, mais on
n'osera pas l'assurer, parce que les
signes rationnels et sensibles qui forment les quatre premiers degrés, peuvent être dus à une autre cause qu'à
la grossesse, dont on n'a la certitude
que quand on peut obtenir le huitieme
et dernier degré qui résulte du ballot-

(c) S'Gravesande.

tement et du déplacement de l'enfant, par les secousses données à la matrice.

La vraisemblance est le degré de certitude qui surpasse le doute. Il est vraisemblable qu'une femme est grosse lorsqu'aux signes rationnels et sensibles qui paroissent successivement dans les quatre premiers mois, se joint encore celui qui résulte de la saillie que fait au cinquieme mois toute la région hypogastrique occupée entierement par la matrice, ce qui donne six degrés de probabilités. Les degrés de vraisemblance croissent depuis le doute jusqu'à la certitude (*d*).

Ces préliminaires étoient indispensables pour le développement des regles que nous allons poser.

(*d*) S'Gravesande.

PREMIÈRE

PREMIERE REGLE.

Comme on obtient très-rarement une certitude absolue, il est nécessaire et même reçu de regarder comme absolument certain, ce qui ne l'est que moralement (e).

La certitude morale est une probabilité qui égale presque l'entiere certitude (f). Ainsi une chose est mora-

---

(e) *Quià raro admodùm, omnimodam certitudinem assequi licet, necessitas et usus volunt ut quod moraliter tantùm certum est, pro absolutè certo habeatur.* (Jac. Bernouilli ars conjectandi.)

(f) *Id moraliter certum est cujus probabilitas ferè æquatur integræ certitudini.* (Jac. Bernouilli ars conjectandi.)

C

lement certaine quand il y a mille, deux mille à parier contre un, qu'elle existe. Exemple : une personne exposée précédemment à l'action malfaisante du plomb, est tourmentée par des coliques atroces, accompagnées de l'applatissement du bas-ventre, de la rétraction de l'ombilic et du fondement, de la constipation la plus rebelle, d'un peu de diminution des douleurs du basventre par une forte pression. Il est moralement certain que cette colique est due au plomb, puisque sur plus de quinze mille maladies qui, depuis un siecle, se sont annoncées avec cet appareil de symptômes, dans l'hôpital de la charité de Paris (*g*), il n'en est peut-

---

(*g*) On reçoit, tous les ans, à la Charité de Paris, 140, 160, 200 ouvriers attaqués de la colique de plomb.

être pas quinze dont le caractere ait été méconnu, et dont la cause n'ait pas été attribuée, avec raison, aux particules de plomb adhérentes aux membranes, sur-tout à celles de l'estomac et des intestins. Il est encore très-probable, il est moralement certain qu'on guérira le malade en proie à cette colique, avec les vomitifs les plus violens, les purgatifs les plus forts, les lavemens les plus drastiques, les sudorifiques les plus puissans, puisque ce traitement effrayant est, tous les jours, suivi des plus brillans succès, et qu'il n'y a pas un malade sur cent, à qui il ne réussisse parfaitement, quand il le subit dans les premiers temps de sa maladie qui, attaquée différemment, ne peut point guérir.

Aussi la probabilité sur laquelle sont

appuyés le diagnostic, le traitement et
le pronostic de cette maladie, est une
certitude morale qui égale presque l'entiere certitude à laquelle on ne peut
jamais atteindre, quand l'événement
contraire n'est pas absolument impossible. Or il n'est pas dans l'ordre des
choses impossibles, que le caractere
de cette maladie soit méconnu. Cette
erreur peut arriver « quand cette
» maladie survient avec des symp-
» tômes de fievre putride, de pleu-
» résie, etc. Doit – on les attribuer
» au plomb ou à d'autres causes ? »
Desbois de Rochefort, celui qui a vu
et traité, plus que personne, des coliques de plomb, convient que ces cas,
rares à la vérité, peuvent en imposer,
même aux plus expérimentés. Aussi
sur mille coliques de plomb, il en est
peut-être une dont les signes équivo-

ques ou les complications avec d'autres maladies peuvent induire en erreur les médecins les plus instruits. Cette unité suffit cependant pour déclarer que le diagnostic de la colique de plomb, n'est pas absolument certain, mais qu'il l'est moralement, c'est-à-dire qu'il repose sur une probabilité telle qu'il est impossible d'en déterminer une plus approchante de la certitude absolue.

On en peut dire autant du pronostic. Comme le nombre des cas où arrive l'événement heureux, est beaucoup supérieur au nombre des cas où il n'arrive pas, et que, sur cent malades, quatre-vingt-dix-neuf guérissent, on peut dire qu'il est moralement certain que le traitement de la colique de plomb, administré à un sujet sain d'ailleurs, sera suivi d'une prompte guérison.

DEUXIEME REGLE.

Il ne faut pas faire attention seulement à ce qui sert à prouver ce que nous examinons, il faut aussi considérer tout ce qui peut exister en faveur du sentiment contraire, afin qu'après avoir pesé les probabilités opposées, nous puissions savoir celles qui doivent l'emporter sur les autres (h).

(h) *Non tantùm illa sunt attendenda quæ rei probandæ conducunt, sed omnia illa quæ in contrarium adduci possunt, ut trutinatis probè utris-*

Exemple:

M. de F...., avant de se faire tailler, voulut savoir de moi s'il devoit espérer le succès de cette opération. Je voyois des probabilités favorables et défavorables, je les opposai les unes aux autres ; en un mot, je raisonnai et conjecturai de la maniere suivante : on a observé que l'opération de la taille étoit plus dangereuse sur les adultes que sur les vieillards, sur les hommes que sur les femmes, sur les gens sanguins que sur les bilieux ; qu'elle réussissoit mieux quand la pierre n'étoit ni grosse ni hérissée d'aspérités, quand les reins, les ureteres, la vessie étoient

---

que, constet ultra præponderent. (Jac. Bernouilli *ars conjectandi.*)

C 4

les reins, les ureteres , la vessie étoient dans leur état naturel, quand il n'existoit point de vice écrouelleux , dartreux, vénérien, etc. D'après ces principes incontestables, j'examinai d'abord les probabilités favorables.

Probabilités favorables.

La vessie n'est ni racornie ni ulcérée, les ureteres et les reins paroissent sains , 1ere *probabilité.*

Le volume de la pierre n'excede pas la grosseur d'un œuf de pigeon ; elle semble être assez unie , 2me *probabilité.*

Probabilités défavorables.

L'âge du calculeux qui est presque sexagénaire, 1ere *probabilité.*

Son sexe qui rend l'o-
pération plus dange-
reuse,   2me *probabilité.*

Son tempérament émi-
nemment bilieux,   3me *probabilité.*

Les dartres dont le
malade est couvert de-
puis long-temps,   4me *probabilité.*

Les probabilités favorables résultant
de l'état sain des voies urinaires et du
volume de la pierre, ne pouvoient être
mises en balance avec les probabilités
défavorables qu'on devoit tirer de l'âge,
du sexe, du tempérament du malade,
et sur-tout de la présence du vice dartreux dont on pouvoit craindre la ré-
percussion sur la vessie irritée par l'o-
pération. Comme les probabilités qui
pouvoient faire espérer le succès de
l'opération, étoient fort inférieures en

nombre et en force aux probabilités
contraires, je déclarai que je croyois
prudent de s'abstenir de l'opération. Je
remis mon avis absolument motivé de
la maniere dont je l'expose ici. Il fut
communiqué à une réunion de médecins et de chirurgiens, à laquelle je ne
pus me trouver. Il influa sur le parti
que prirent les consultans de ne point
exposer le malade aux dangers de l'o-
pération. Quatre mois après, deux
autres consultans, séduits sans doute
par les probabilités favorables, le dé-
terminerent à l'opération qui fut immédiatement suivie d'une inflammation de
la vessie, et de la mort. J'appris cet événement avec plus de peine que de sur-
prise. Je le crois dû à l'oubli des regles
de l'art de conjecturer, à l'ignorance
de ce principe incontestable, qu'il ne

faut jamais que de faibles probabilités l'emportent sur des probabilités opposées qui sont plus fortes.

TROISIEME REGLE.

L'homme sage et prudent ne considérera pas seulement la probabilité du succès, il pesera encore la grandeur du bien et du mal qu'on doit attendre, en prenant tel parti, en se déterminant pour le contraire, ou en restant dans l'inaction (i).

Ainsi, avant d'entreprendre la guérison de certaines maladies, avant, par

______

(i) Condorcet.

exemple de tenter la suppression d'un écoulement ancien et spontané, on ne considérera pas seulement s'il est probable que les moyens qu'on emploie puissent tarir cet écoulement; on examinera encore si la suppression de l'écoulement ne peut pas être suivie d'un mal plus grand que l'écoulement lui-même, si, loin de le tarir, il ne faut pas au contraire le solliciter, ou enfin s'il ne vaut pas mieux rester tranquille spectateur du travail de la nature.

QUATRIEME REGLE.

Pour déterminer la probabilité en général, les données générales et éloignées suffisent ; mais, pour former des conjectures dans un cas déterminé et sur des individus, il faut joindre encore tout ce qui appartient en propre au cas dont il s'agit (K).

Si l'on vous demande en général

(k) *Ad judicandum de universalibus sufficiunt remota et universalia, sed ad conjecturas formandas de individuis, propiora quoque et specialia adjungenda sunt. etc.* (Jac. Bernouilli ars conjectandi.)

combien il est plus probable qu'un jeune homme de trente ans survive à un vieillard de soixante, qu'il n'est probable qu'un sexagénaire survive à un jeune homme, vous n'aurez à considérer que la différence de l'âge; mais si on spécifie deux individus, je suppose un jeune homme nommé *Pierre* et un vieillard appelé *Paul*, il faut en outre faire attention à leur tempérament individuel, à l'état actuel de leur santé, aux soins qu'ils en prennent, à leurs professions, aux différens pays qu'ils habitent, et à toutes les circonstances dans lesquelles l'un peut se trouver sans l'autre; car si *Pierre* est valétudinaire, s'il se livre en proie à ses passions, s'il vit dans l'intempérance, il peut arriver que *Paul*, quoique plus âgé, ait cependant plus de raisons d'espérer une longue vie, que celui avec qui on le compare.

CINQUIEME REGLE.

Il ne suffit pas d'examiner une ou deux preuves qu'on peut mettre en avant, mais il faut rechercher encore toutes celles qui peuvent venir à notre connoissance, et servir à découvrir la vérité (l).

EXEMPLE:

Un homme, dans une rixe, reçoit

(l) *Non sufficit expendere unum alterumve argumentum, sed conquirenda sunt omnia quæ in cognitionem nostram venire possunt, atque ullo modo ad probationem rei facere videntur.* (Jac. Bernouilli ars conjectandi.)

une blessure dangereuse, mais que les secours de l'art peuvent empêcher d'être mortelle. Dans les dix premiers jours de l'accident, le blessé périt. Les juges demandent aux gens de l'art, la cause de cette mort. Pour établir qu'elle est due à la blessure, il ne suffit pas de déclarer seulement, comme on le fait quelquefois, que la blessure étoit de la nature de celles qui sont souvent mortelles, et que le blessé a succombé avant que les jours du danger fussent passés. Il faut prouver aussi que le traitement auquel il a été soumis, étoit le meilleur, que le malade et ceux qui l'ont gouverné, n'ont commis aucune imprudence, qu'il étoit sain avant son accident : si l'on ne peut administrer ces preuves, il faut au moins établir qu'il est bien plus probable que la bles-

sure

sure a seule causé la mort, qu'il n'est probable que le concours des circonstances l'a rendue mortelle.

SIXIEME REGLE.

Dans l'incertitude et dans le doute, on doit suspendre à se déterminer et à agir, jusqu'à ce qu'on puisse se procurer une plus grande lumiere; mais, si le cas requiert célérité, il faut choisir dans deux partis ce qui est plus convenable, plus sûr, plus avantageux, quand même ils auroient tous deux des inconvéniens, des dangers et des probabilités défavorables (m).

______

(m) *In rebus incertis et dubiis actiones nos-*

Exemple:

En 1793, M. D...., conseiller au
châtelet de Paris, fut attaqué d'une
péripneumonie fausse. Je le vis, deux
mois après cette maladie aiguë qui étoit
remplacée par une maladie chronique.
Il avoit une petite fievre continue, des
sueurs nocturnes, de la maigreur, de
la toux, une expectoration purulente,
et tous les symptômes dénotant que la
péripneumonie s'étoit terminée par la
suppuration qui avoit probablement

---

træ suspendendæ sunt donec major lux affulserit ;
sed si occasio agendi nullam patiatur moram ,
inter duo semper eligendum id quod convenien-
tiùs , tutiùs, consultiùs aut probabiliùs videtur,
etsi neutrum in positivo tale sit. (Jac. Bernouilli ars. conjectandi.)

formé un abcès ou une vomique dans la poitrine, dont aucun côté n'avoit cependant ni ampliation, ni œdeme, ni son plus obscur que celui de l'autre côté. Dans le doute et l'incertitude s'il existoit une ulcération au poumon, ou seulement une vomique, si la collection de pus étoit d'un seul côté ou des deux, je ne voyois nul moyen énergique à employer; l'opération de l'empyeme étoit impraticable, puisqu'il n'existoit pas de lieu d'élection. Son médecin de Paris fut de mon avis, et nous restâmes dans l'inaction, en attendant que la lumiere arrivât; elle vint, et la nécessité d'agir ne souffrit aucun retard. Sur le côté droit de la poitrine, il s'éleva, entre la cinquieme et la sixieme vraie côte, une tumeur où l'on sentoit de la fluctuation. Comme la maladie de M. D....., parvenue au degré où elle étoit, ne pardonne presque jamais ; comme, d'un autre côté, l'opération de l'empyeme a sauvé quelques malades, il étoit plus probable, plus convenable, plus sûr et plus avantageux de donner une prompte issue au pus, que d'abandonner le malade aux seules ressources de la nature. On prit donc le premier parti, et, l'opération faite par un des plus habiles chirurgiens de Paris, sauva les jours du malade.

S E P T I E M E   R E G L E.

*Une chose peut être fausse, quoi-
qu'appuyée sur une grande
probabilité, et une autre
chose peut être vraie, quoiqu'appuyée sur une moindre
probabilité (n).*

E X E M P L E :

Un homme se plaint de douleurs dans
la région qu'occupent la vessie et ses
parties adjacentes, de démangeaisons le
long de la verge, et principalement à
l'extrémité du gland, d'envies et de

______

(n) S'Gravesande.

D 3

difficultés fréquentes d'uriner, d'un sentiment de pesanteur au périnée , et
d'autres symptômes qui font soupçonner la présence de la pierre dans la
vessie. A ces signes rationels se joignent
des signes sensibles. Le doigt du chirurgien , porté dans le rectum du malade , sent à travers les parois de cet
intestin et le bas fond de la vessie , une
tumeur semblable à celle que doit former une pierre renfermée dans ce viscere. On obtient encore un signe moins
illusoire. La sonde , introduite et pro-
menée dans la vesssie , fait sentir une
résistance et , de plus , un bruit semblable à celui qui doit résulter du choc
de cet instrument , contre un corps
plus dur que les parois de la vessie.
Ces observations font conjecturer la
présence d'une pierre dans la vessie.

L'existence de cette pierre est appuyée
sur une très-grande probabilité, mais
cette conjecture peut être fausse. Les
signes rationels appartiennent également, et à l'existence de la pierre, et
à beaucoup d'autres affections de ce
viscere. Les signes sensibles, eux-mêmes, sont quelquefois illusoires. La
tumeur, sentie par le doigt porté dans
le rectum, peut n'être qu'un gonflement de la glande prostate, ou un
engorgement, une excroissance dont
le siege se trouve dans les tuniques de
la vessie. La sonde elle-même peut
avoir rencontré dans la vessie un fungus, des brides qui peuvent tromper,
de l'aveu même des chirurgiens les plus
instruits. Une chose peut donc être
fausse, quoiqu'appuyée sur une grande
probabilité. Mais cette chose est ordi-

nairement vraie ; car en admettant que sur deux cents , trois cents malades sondés et déclarés calculeux , il s'en trouve à-peu-près un qui n'ait pas la pierre , on doit conclure que la probabilité , d'après laquelle on se décide à déclarer son existence et à opérer , est très-grande ; de même la pierre peut exister dans la vessie , quoique la probabilité qui la fait soupçonner , soit très-faible. Le premier chirurgien de Louis XV , La Peyronie en est un exemple. Il réunissoit plusieurs signes rationels, mais il n'avoit aucun des signes sensibles de la présence de la pierre vésicale. On ne trouva , qu'après sa mort, la pierre qui l'avoit si fort tourmenté pendant sa vie. Une chose peut donc être vraie quoiqu'appuyée sur une moindre probabilité.

HUITIEME REGLE.

Pour bien conjecturer, il faut aller de l'observation au raisonnement, du raisonnement à l'expérience qui fait découvrir la solidité, la faiblesse ou la fausseté de la conjecture.

L'histoire de la médecine démontre cette importante vérité et fait voir comment ont conjecturé les inventeurs de notre art. Les plus anciens médecins n'ont pas d'abord conseillé aux malades la premiere chose qui s'est présentée à leur esprit : ils ont réfléchi long - temps à ce qui conviendroit le mieux : les expériences leur ont ensuite

appris s'ils avoient bien ou mal conjecturé. Je suis, sur ce point, de
l'avis des médecins dogmatiques (*o*),
et j'emprunte, à l'appui de cette opinion, les armes mêmes que me four-
nissent les empiriques leurs adversaires,
dont le système est si bien exposé,
d'après Celse, par l'estimable auteur
de l'histoire de la médecine (*p*). Un
homme, dit Daniel le Clerc, qui avoit
une grande douleur de tête, fait une
chûte, s'ouvre, en tombant, la veine

(*o*) *Qui rationalem medicinam profitentur
contendunt non quidlibet antiquiores viros ægris
inculcasse, sed cogitasse quid maximè conveni-
ret, et id usu explorasse ad quod antè conjectura
aliqua duxisset.* (Celsus, lib. 1us.)

(*p*) Daniel le Clerc, histoire de la médecine, 2me. partie, livre 2, chap. 2.

du front, perd beaucoup de sang, et se trouve soulagé. Un autre, tourmenté du même mal, est guéri à la suite d'une hémorrhagie du nez. Un troisieme, attaqué d'une autre douleur de tête, ne guérit qu'après un vomissement, ou un cours de ventre spontanés.

Quelques médecins, nés avec le génie de l'observation, et conduits par cette logique naturelle et secrette qui guide toutes les opérations de l'entendement, porterent un regard attentif et réfléchi, sur ces différens phénomenes. Ils observerent que les douleurs de tête, qui s'étoient dissipées à la suite de l'hémorrhagie du nez, ou de l'ouverture de la veine du front, avoient été précédées, accompagnées ou suivies de certaines circonstances qui ne se trouvoient pas dans les céphalalgies où les pertes de sang avoient été inutiles ou nuisibles, et qui s'étoient guéries, soit par le vomissement, soit par les évacuations alvines. Ils remarquerent dans les céphalalgies guéries par les pertes de sang, la rougeur et la chaleur du visage, la pâleur et le froid des extrémités inférieures, le gonflement et la distention des arteres temporales, la rougeur et le brillant des yeux, la détumescence des vaisseaux des extrémités inférieures, la constriction spasmodique de la peau, la constipation, la pesanteur des membres, la plénitude et l'état fébrile du pouls. Ils virent que la douleur de tête, accompagnée de ces phénomenes, attaquoit de préférence les jeunes gens et les personnes d'une constitution plétho-

rique, sanguine, habitués à une nour-
riture succulente et échauffante, ex-
posés aux ardeurs du soleil, se livrant
à des exercices violens et inusités de
corps et d'esprit, sujets à des évacuations sanguines et sur-tout à des sai-
gnemens de nez, dont la suppression
avoit été suivie de la douleur de tête,
qui avoit été enlevée par le retour du
saignement de nez. Ils observèrent que,
quand cette hémorrhagie salutaire du
nez ne survenoit pas, alors la douleur
de tête devenoit souvent intolérable,
et que quelquefois arrivoient enfin le
trouble de la vue, le tintement des
oreilles, la couleur pourpre du visage,
les vertiges, la confusion des idées, la
frénésie et la mort (*q*).

(*q*) Consultez la fidelle description des

Toutes ces observations ne faisoient appercevoir que ce qui tomboit sous les sens. Seules elles ne pouvoient faire connoître la cause de cette espece de céphalalgie. C'étoit à l'esprit à la chercher par l'induction, c'est-à-dire à raisonner d'après les faits observés, pour aller du connu à l'inconnu : en un mot, pour conjecturer (*r*), on

---

signes précurseurs et concomitans de l'hémorrhagie active du nez, faite par le professeur Pinel, dans sa nosographie, l'une des meilleures productions du dix-huitieme siecle.

(*r*) On conjecture, dit Condillac, *quand d'après des vérités connues, on en soupçonne d'autres dont on ne s'assure pas encore.* Les vérités connues sont les phénomenes observés ; les vérités inconnues sont les causes de ces phénomenes.

présuma que la douleur de tête, quand elle se présentoit avec de pareilles circonstances, étoit due à la trop grande plénitude des vaisseaux sanguins et à la tendance des efforts critiques, vers les parties supérieures, tendance occasionnée par le genre de vie, la constitution etc. On conclut que le meilleur moyen de prévenir les événemens malheureux, étoit d'imiter la nature, quand ses efforts étoient insuffisans ou inutiles. Telle fut l'induction que tirerent les premiers médecins qui ont pressenti la cause et le traitement de la céphalalgie due à la suppression ou à la rétention de l'hémorrhagie active du nez. Pour s'assurer si elle étoit ou non fondée, on hasarda des expériences qui sont, suivant la définition de Zimmerman, des tentatives faites dans le dessein de voir si une chose est ou n'est pas. La douleur de tête dissipée, après l'ouverture accidentelle de la veine du front et la perte du sang, donna l'idée d'ouvrir ces veines dans des cas semblables. Ensuite des scarifications dans l'intérieur des narines (*s*), l'application des sang-sues aux tempes et derriere les oreilles, telles furent les premieres expériences heureuses, employées par les plus anciens médecins, dans la céphalalgie occasionnée par la rétention ou la suppression des hémorrhagies actives du nez.

(*s*) Hippocrate, dans certaines douleurs de tête, faisoit ouvrir les veines des narines et du front ; et, certes, cet excellent observateur ne faisoit pas cette opération dans toute espece de céphalalgie.

Ces

Ces tentatives mille fois répétées (*t*),
ont presque toujours eu le résultat le
plus heureux, quand elles ont été faites
à temps, et dans les mêmes circonstances. *L'observation et l'expérience du
passé, étant les principales sources des
probabilités, et pouvant nous faire tirer,
avec confiance, de semblables conjectures pour l'avenir* (*u*), on peut maintenant assurer qu'une douleur de tête,

---

(*t*) On a reconnu, par la suite, la nécessité
d'ajouter à ces moyens les frictions des extrêmités inférieures, les synapismes à la plante
des pieds, les lavemens émolliens, la position
droite du corps, une atmosphere fraîche, un
exercice modéré, le repos de l'esprit, les dis-
tractions agréables, l'abstinence des boissons
spiritueuses et échauffantes, les fruits d'été,
les délayans, le régime aqueux, etc.

(*u*) Condorcet.

qui se manifeste par la rougeur et la chaleur du visage, la pâleur et le froid des extrêmités, etc. . . . est très-probablement due à la trop grande plénitude des vaisseaux sanguins de la tête vers laquelle tendent tous les efforts critiques, et qu'en provoquant, ou, si on le peut, en remplaçant cette hémorrhagie par d'autres évacuations sanguines, il est très-vraisemblable qu'on fera cesser la douleur de tête.

C'est ainsi que la probabilité sur la nature et le traitement de cette espece de céphalalgie, de faible qu'elle étoit avant les expériences, est devenue une certitude morale, c'est-à-dire une probabilité telle qu'il est impossible de la distinguer de la certitude. C'est sur cette certitude morale, que nous réglons notre marche, dans le traitement de cette maladie, regle déduite, non d'une suite de raisonnemens antérieurs à l'observation , mais de l'observation du passé , la meilleure et la principale source des probabilités, puisque nous sommes assurés que les mêmes causes doivent, dans les mêmes circonstances, produire les mêmes effets.

De bons observateurs sont ordinairement de bons logiciens. Les premiers médecins qui saisirent les signes qui se développent avec la céphalalgie due à la suppression ou rétention des hémorrhagies actives du nez, ne purent laisser échapper les signes absolument différens, qui caractérisent les douleurs de tête, provenant d'autres causes, telles que celles dues au venin caché d'une fievre intermittente, au virus d'une vérole masquée, à l'administration impru-

dente du mercure, etc. . . . . Les observations de ces signes firent naître des
inductions ; les inductions nécessiterent
des expériences ; les expériences ame-
nerent des découvertes dont la certitude égale celle de toutes les autres
sciences physiques. Je pense, avec le
pere de la médecine, que c'est ainsi
que s'est établi l'art de guérir. On a
ramassé peu à peu, et recueilli une à
une, les observations faites dans les divers
cas particuliers. Jointes ensemble, elles
ont formé un corps complet de doc-
trine , qui sert de boussole à ceux qui
suivent la même route (*v*). Tout mé-

____

(*v*) *Sic enim censeo universam artem com-*
monstratam esse , quod singula ex suo fine obser-
vata et consonantia idem aggregata fuerint.
(**Hipp. præcep. cap. i.**)

decin qui veut maintenant s'assurer si
une céphalalgie est due à l'une ou à
l'autre de ces causes, répete les observations faites par ses prédécesseurs. Si
les signes qu'il observe sont les mêmes
que ceux qui ont été recueillis avant
lui, dans la céphalalgie sanguine,
il en conclut qu'ils sont dus à la
même cause qui doit être attaquée
de la même maniere. L'expérience
heureuse où le conduit l'induction,
lui prouve que l'observation du passé,
doit faire tirer avec confiance de
semblables conjectures pour l'avenir.
« Nous serons toujours obligés de con-
» jecturer (dit Condillac), tant que
» nous aurons des découvertes à faire ;
» et nous conjecturerons avec d'autant
» plus de sagacité, que nous aurons fait
» plus de découvertes) ».

E 3

Si les cas individuels étoient tous bien observés, bien marqués, s'ils se présentoient toujours de même, on pourroit évaluer le degré de certitude de beaucoup d'événemens présens, futurs ou passés, avec une précision mathématique, d'après l'observation très-souvent réitérée du même événement, dans des circonstances semblables; mais comme la plupart des cas ne sont pas marqués exactement, comme les médecins négligent souvent de considérer distinctement les événemens, et que d'ailleurs beaucoup de cas individuels diffèrent plus ou moins entr'eux, à raison de l'ydiosincrasie du malade, à raison du local, du traitement, de la complication de la maladie avec la maladie annuelle ou la maladie stationnaire, à raison de la température, et de cent autres cir-

constances dont il est impossible d'évaluer au juste l'effet, et qui influent
cependant, plus qu'on ne croit, sur le
caractere d'une maladie, sur sa durée,
sur la maniere dont elle se termine, on
est presque toujours obligé de se contenter des *à-peu-près*, pour déterminer
la probabilité ; d'où il suit que, pour
bien conjecturer en médecine, il n'est
pas nécessaire d'être grand mathéma-
ticien , mais qu'il est indispensable
d'être observateur et logicien, puisque
c'est à l'esprit d'observation et de logique
qu'on doit la théorie et les regles de l'art
de conjecturer.

Avant d'appliquer ces différentes
regles au diagnostic et au pronostic des
maladies, il est nécessaire de faire connoître les principales sources des probabilités, qui sont la connoissance des

causes, les réponses des malades, l'analogie, etc. etc.

DE LA CONNOISSANCE DES CAUSES,

Premiere source de probabilités.

Bernouilli, S.Gravesande, Condorcet
regardent avec raison la connoissance
des causes, comme le second principe,
la seconde source de probabilités. J'en-
tends, avec Selle, par cause de la maladie, ce qui contient en soi la raison de
la maladie. Une femme qui attend ses
regles depuis deux ou trois jours, est
tourmentée par une violente colique,
par des tranchées dans l'intérieur du
bas-ventre; je sais que la rétention des
regles peut être une cause de cette colique, et cette connoissance est pour
moi un principe, un commencement de

probabilité. La possibilité de cette cause n'est à la vérité qu'une très-faible partie de la certitude (x). Cette douleur du bas-ventre peut venir de beaucoup d'autres causes. Pour m'assurer de la vérité, j'ai recours à l'analyse. J'observe les phénomenes qui se présentent; j'examine ensuite s'ils sont ceux qui accompagnent ordinairement la colique qui a pour cause les efforts de la nature, pour procurer l'évacuation menstruelle. Si je rencontre ces signes, j'ai les plus fortes raisons de conjecturer que la cause soupçonnée est la véritable.

Dans les cas obscurs, embarassans, dans les maladies dont les causes sont variées, compliquées, cachées, il faut

---

(x) *Possibile est quod tantillam certitudinis partem obtinet.* (J. Bernouilli ars conjectandi.)

avoir présentes à l'esprit les causes possibles de la maladie qui nous occupe, pour tâcher de remonter, des effets observés, à la cause la plus probable, et de lier ainsi la cause et les effets. Sans la connoissance des causes, il est souvent impossible de faire de bonnes observations, et d'en tirer de bonnes inductions. On vous consulte sur les moyens de faire cesser la stérilité d'une femme. Qu'aurez-vous à observer, si vous ne connoissez pas les principales causes de la stérilité, si vous ne savez pas que les unes appartiennent au mari, les autres à la femme; si vous ignorez que quelquefois la mauvaise conformation de la verge percée dans un endroit peu convenable, la trop grande obliquité du canal de l'uretre, son rétrécissement, les varices de ce canal, ses ulceres à bords spongieux, calleux, ses cicatrices, formant des éminences, l'abscence de la liqueur spermatique, l'atonie des muscles érecteurs, l'embarras des conduits, sont des causes de stérilité qui plus souvent encore est due à la trop grande disproportion entre la verge qui est trop grosse, et le vagin qui est trop étroit pour permettre l'introduction du membre viril, même après le déchirement de l'hymen ; à l'angle trop aigu que fait l'axe de l'utérus avec l'axe du vagin, l'orifice de l'utérus étant alors renversé en arriere, et regardant l'os sacrum ; au semi-prolapsus de l'utérus ou de son orifice qui ne se trouve qu'à la distance d'un ou de deux pouces des grandes levres ; aux maladies de la matrice, telles que l'obstruction, le squirre, le desséchement, l'excès de ton et plus

(76)

souvent encore le relâchement de ce viscere (*y*)? Il faut que le médecin consulté sur la stérilité, en connoisse toutes les causes pour faire de bonnes cbservations sur le mari et sur la femme, et balancer ensuite les probabilités qui doivent faire soupçonner le mari plutôt que la femme, la femme plus que le mari, telle cause dans l'un ou l'autre, plutôt que telle autre. C'est ainsi que la connoissance des causes est un principe, une source de probabilités.

LES RÉPONSES DES MALADES,

Deuxieme source de probabilités.

La découverte de la cause de la maladie est souvent très-difficile. On n'y parvient ordinairement qu'en donnant la plus grande attention aux plaintes des

____

(*y*) Zemph, *enchiridium medicum.*

malades, et sur-tout aux réponses qu'ils font à nos questions ; mais les réponses des malades ne peuvent fournir des probabilités, qu'autant que les questions sont bien faites. *Le talent de questionner est très-rare*, dit Zimmerman ; il n'appartient qu'aux gens vraiment instruits. On peut juger du degré d'habileté d'un médecin, par la maniere dont il interroge ses malades. Les questions varient suivant les plaintes des malades, les phénomenes qui se présentent à l'observation et la cause qu'on soupçonne être celle de la maladie. Quelles questions doit faire, par exemple, un médecin consulté par un malade qui se plaint de digestions lentes et laborieuses? on sait que la lésion des fonctions digestives, reconnoît beaucoup de causes différentes. Si les plaintes du malade, sa physionomie, la nature des déjections, l'aspect de la langue, l'état du bas-ventre palpé par une main habile, n'indiquent pas la cause de cette maladie, on la trouvera peut-être en interrogeant le malade sur la qualité et la quantité de ses alimens solides et liquides, sur la maniere dont il se conduit pendant et après ses repas, en s'informant s'il triture bien avant d'avaler, si, pendant ses repas, son ame et son esprit sont tranquilles, si, immédiatement après, il ne se livre pas à des travaux fatigans de corps et d'esprit, ou à un sommeil inusité, si sa position ne comprime pas trop l'estomac, lorsqu'il est rempli d'alimens, etc. etc. etc. etc. D'après les réponses des malades, on forme des conjectures dont l'expérience prouve souvent la solidité.

DE L'ANALOGIE,

Troisieme source de probabilités.

Il nous reste à parler de la troisieme source de probabilités, de l'analogie. Une maladie épidémique se déclare : il est souvent impossible d'en connoître, dès l'invasion, la nature, les causes et l'issue. Dans ce cas difficile, ayons recours à l'analogie; comparons cette maladie nouvelle et inconnue, aux maladies connues qui se sont présentées avec des signes à-peu-près semblables. Si la plupart des circonstances de cette nouvelle maladie ressemblent aux circonstances observées dans la maladie connue, nous devons avoir les plus fortes raisons de croire que cette maladie a le même caractere et la même cause que celle avec laquelle nous la comparons, suivant cette regle posée par Newton, que *les effets semblables doivent avoir les mêmes causes.*

L'analogie peut vous indiquer aussi les moyens propres à combattre cette nouvelle maladie. Il est très-probable, en effet, que ceux qui ont été utiles dans une maladie semblable, auront un effet aussi heureux dans le cas actuel.

Il est pareillement vraisemblable que les suites de cette nouvelle maladie, seront les mêmes que celles de la maladie avec laquelle elle a tant de rapports. L'analogie nous sert donc aussi à établir un pronostic.

C'est, d'après l'analogie, que le médecin fait choix des remedes, dans les cas douteux. Guidé par elle, un ancien médecin a conjecturé qu'une douleur

de

de tête, un vomissement, une diarrhée,
une colique, etc. étoient dûs au virus
d'une fievre intermittente masquée,
sur-tout lorsque le malade avoit eu la
fievre intermittente, et que la douleur
de tête, le vomissement lui revenoient à
l'heure où l'accès de fievre devoit arriver.
Dans ces circonstances il s'est décidé à
employer les médicamens qui réussis-
sent dans la fievre intermittente, et
l'événement a prouvé les avantages de
l'analogie.

Les médecins ont quelquefois abusé
de la conclusion par analogie, en vou-
lant trouver des ressemblances là où
elles n'existoient pas, ou n'existoient
qu'imparfaitement. Ils oublioient cet
axiome que *les jugemens fondés sur
l'analogie sont récusables, s'ils ne
partent pas de l'observation la plus*

exacte des ressemblances. On ne doit donc conclure par analogie, que quand il est prouvé aux sens et à la raison, que ces ressemblances sont parfaites.

L'exposition que nous venons de faire des principes les plus féconds des probabilités, et le développement que nous avons donné aux regles de l'art de conjecturer, suffisent pour expliquer la théorie de cette science. Nous allons en faire l'application au diagnostic, au traitement et au pronostic des maladies.

De l'art de conjecturer le diagnostic et le traitement des maladies.

Quelques maladies ont des signes univoques décisifs, qui annoncent infailliblement que c'est telle maladie et non pas une autre : ainsi l'horreur des liquides est un signe décisif de la rage ; l'évacuation prompte et très-copieuse, par les voies urinaires, de la boisson non assimilée, est un signe particulier du diabétès. Si chaque maladie se présentoit avec de pareils signes, le diagnostic en seroit facile et presque infaillible ; mais le plus grand nombre des maladies ont des signes qui appartiennent aussi à plusieurs autres absolument différentes. Ce n'est qu'en réunissant et en combinant la plupart des signes qui appartiennent à une maladie, qu'on parvient à la différencier de toutes celles qui ont avec elles quelques traits de ressemblance. Dans ce cas, chaque signe contribue à la formation du diagnostic, mais, pris séparément, il ne suffit pas pour le former.

Ces signes doivent être considérés comme des probabilités ; car, dit S'Gravesande , *tout ce qui contribue à former une preuve , mais qui seul n'en forme pas une , fournit un certain degré de certitude , c'est-à-dire une probabilité.*

Ainsi, pour avoir la certitude de la plupart des diagnostics., il faut, avant tout , savoir de combien et de quels signes ou probabilités , la certitude du diagnostic est composée. Si la réunion de six probabilités est nécessaire ; on aura la certitude de ce diagnostic, quand on pourra réunir ces six probabilités, comme dans le scorbut où le concours de six probabilités ; suffit pour assurer l'existence de son premier période , savoir : 1°. la lassitude et la faiblesse au moindre mouvement, 2°. la diffi-

culté de respirer , 3º. la pâleur du
visage , 4º. la lividité du teint , 5º. les
taches de différentes couleurs sur toute
l'habitude du corps, et particulièrement
sur les extrémités, 6º. enfin le gonflement des gencives et leur facilité à
saigner à la moindre pression. Tous
ces signes, pris séparément, ne forme-
roient pas la preuve de l'existence du
scorbut ; la lassitude , la faiblesse au
moindre mouvement ; ne lui appartiennent pas exclusivement, car l'hydropisie
commençante , et beaucoup d'autres
maladies s'annoncent par la lassitude
et la débilité. La difficulté de respirer,
second signe du scorbut, s'observe dans
la phthisie, dans l'asthme, dans les maladies organiques du cœur, etc. La
pâleur du visage est encore un signe
équivoque, puisqu'on la remarque dans

la chlorose, pendant la durée des fievres intermittentes, etc. On en peut
dire autant du teint livide qui est celui
des obstrués, etc. Les taches de différentes couleurs se remarquent sur les
vérolés et d'autres malades. Enfin le
sixieme signe lui même, c'est-à-dire,
l'état des gencives qui sont rouges,
gonflées, faciles à saigner au moindre
frottement, est encore un signe insuf-
fisant pour caractériser le scorbut; seul
il annonce tout au plus de la dispo-
sition, de la tendance à cette maladie.
On le rencontre chez beaucoup de personnes bien portantes d'ailleurs : dans
ce cas, il est dû ou à un vice local,
ou à la mal-propreté de la bouche, sur-
tout au tartre qui, amassé sur les
dents, rougit, enfle, ronge et fait saigner les gencives.

Mais quoiqu'aucun de ces signes n'appartienne exclusivement au scorbut, cependant le scorbut est la seule maladie où tous ces signes se trouvent réunis. Quand on les observe donc tous six sur le même individu, on a toutes les probabilités qui forment la certitude que c'est le scorbut, et non pas une autre maladie; et la réunion de ces six signes, équivaut à un signe univoque et décisif.

Un grand nombre de maladies se distinguent ainsi, les unes des autres, et se reconnoissent à des signes qui, réunis et combinés par un médecin observateur et logicien, l'empêchent de prendre une maladie pour une autre. Pour établir le diagnostic de ces maladies, il suffit donc de réunir tous les signes qui leur appartiennent, quand ces maladies sont dans leur état de simplicité, c'est-à-dire sans complication avec une autre maladie. Mais lorsque cette complication, ce mélange existent, alors la maladie dont il faut établir le diagnostic, étant une maladie *composée*, ce qui se présente d'abord à l'esprit, n'est qu'incertitude, confusion. En suivant les regles de l'art de conjecturer, on parvient très-souvent à débrouiller ce cahos, à analyser les signes qui constituent le diagnostic de la maladie *principale*, après avoir séparé ces signes de ceux qui sont propres à la maladie à laquelle elle est jointe, et qui en fait une maladie *composée*. Nous allons passer en revue la plupart de celles qui, le plus souvent, sont composées, et indiquer la maniere la plus sûre d'en établir le diagnostic et le traitement.

La fievre inflammatoire (ou angia-
ténique continue), celle que les meil-
leurs pyréthologistes ont placée , avec
raison , à la tête des fievres principales
ou cardinales , se reconnoît , quand
elle est simple, à des signes dont le ta-
bleau a été tracé de main de maître ,
par Stoll , et habilement retouché par
le nosographe Pinel ; mais ni l'un ni
l'autre de ces grands maîtres n'a dit
comment on pouvoit établir le diagnostic de la fievre inflammatoire composée ,
beaucoup plus fréquente que l'autre
diagnostic que Stoll s'est contenté de
déclarer très nécessaire mais très-difficile (z). Pour y parvenir , il faut tâcher de trouver entre tous les symptô-

____

(z) *Febris inflammatoriæ compositæ diagnosis
acurata summe necessaria sed difficillimè.*

mes différens que présente la fievre composée, ceux qui sont presque toujours constans, inséparables de la fievre inflammatoire, sans lesquels on ne conçoit pas que cette fievre puisse exister, et dont la réunion produit la certitude de sa présence.

Mais on ne peut pas toujours acquérir cette certitude, parce que, de l'union de la fievre inflammatoire avec une autre fievre quelle qu'elle soit, naît une fievre composée qui participe du caractere de l'une et de l'autre, mais qui quelquefois ne ressemble parfaitement ni à l'une ni à l'autre ; ce qui arrive, par exemple, quand la fievre inflammatoire se trouve jointe à la fievre bilieuse ou *meningo-gastrique* ; alors la fievre inflammatoire ne se reconnoît plus à la couleur des urines, à la na-

ture de la chaleur de la peau , car ,
dans la fievre composée de l'inflammatoire et de la bilieuse, les urines sont
plus jaunes que rouges, la chaleur de
la peau s'augmente par le toucher, etc.
D'un autre côté les signes de la fievre
bilieuse sont obscurcis par la jonction
de cette fievre avec l'inflammatoire ;
le pouls a de la dureté , les yeux sont
brillans, ce qu'on n'observe pas dans la
fievre bilieuse simple. De plus il existe
des symptômes qui sont communs à
l'une et à l'autre fievre , tels que la
douleur des lombes et du dos, la céphalalgie, la soif , la sécheresse des levres
et de la bouche , les nausées même ;
quoique provenant de causes opposées.

Pareillement les nausées , l'oppres-
sion et la plénitude de la région pré-
cordiale, s'observent dans la fievre

bilieuse et dans la fievre pituiteuse ou
adéno-meningée. Quand cette derniere
est simple, elle a des signes caractéristiques, dont les plus marqués sont la
douceur apparente de la fievre, l'état
du pouls qui paroît à-peu-près naturel,
de la langue enduite de mucus; la cru-
dité, la pâleur des urines qui sont presque sans odeur, la viscosité de la salive,
etc. Mais si elle est jointe à une autre fievre principale, si la fievre inflammatoire
ou la bilieuse se mêlent à la fievre pituiteuse dont la marche est si lente, la
présence de la fievre pituiteuse sera très-
difficile à reconnoître, parce que la plupart de ses signes diagnostics, assez
faibles par eux-mêmes, seront anéantis
ou masqués par les symptômes tran-
chans, violens, et par conséquent beaucoup plus sensibles de la fievre inflam-

matoire ou de la fievre bilieuse; mais dans la fievre pituiteuse (comme dans les deux autres), quelqu'intimement unie qu'elle soit avec une autre fievre, il est bien rare qu'il ne reste pas quelques signes décisifs, positifs auxquels il faille s'attacher, et qui, une fois découverts et saisis, fassent reconnoître la présence de la fievre: ainsi l'enduit muqueux de la langue, la viscosité de la salive et quelques autres signes caractéristiques ne disparoissent pas entierement dans la fievre pituiteuse, par son union avec la fievre inflammatoire ou bilieuse.

Autre remarque importante à faire: une fievre composée de la muqueuse et de l'inflammatoire, ou de la muqueuse et de la bilieuse, si elle est moins lente que la fievre pituiteuse simple, est aussi moins vive que la fievre inflammatoire ou la bilieuse qui n'est pas associée à la muqueuse.

L'adoucissement des symptômes de l'une ou de l'autre sera donc encore une probabilité de leur association avec la fievre muqueuse.

Pour nous résumer, nous dirons encore une fois qu'on a droit de soupçonner l'association de deux fievres, si l'on remarque des signes qui appartiennent à une fievre bien connue, et d'autres signes qui lui soient étrangers et qui semblent ceux d'une autre fievre; mais on n'aura la certitude de la présence de ces deux fievres, qu'autant qu'on pourra réunir tous les signes ou probabilités qui rendent leurs diagnostics certains, ce qui n'arrivera que très-rarement, attendu que presque toujours l'association de deux fievres fait disparoître plusieurs signes caractéristiques de l'une et de l'autre. Si la réunion de huit signes est nécessaire pour établir la certitude du diagnostic de chacune des deux fievres qui forment la fievre composée, et si on ne peut réunir que quatre signes, on restera dans le doute. Si l'on en obtient six, on atteindra la vraisemblance, c'est-à-dire cette probabilité ou ce degré de certitude qui surpasse le doute.

Quand il sera certain, ou même seulement vraisemblable qu'une fievre est composée de l'inflammatoire et de la bilieuse, ou de l'inflammatoire et de la pituiteuse, alors, pour tracer un traitement, il faudra tâcher de découvrir qu'elle est celle des deux qui domine sur l'autre, c'est-à-dire si la fievre composée est plus muqueuse que bilieuse ou inflammatoire ; ou bien , au contraire , si c'est la fievre inflammatoire qui joue le rôle principal , et si celui de la fievre muqueuse ou de la fievre bilieuse n'est que secondaire : c'est ce que nous apprendrons encore en suivant les regles de l'art de conjecturer , en ne perdant pas de vue sur-tout cette regle essentielle que *pour déterminer la probabilité en général, les données générales et éloignées suffisent, mais que, pour former des conjectures dans un cas particulier et individuel, il faut joindre encore tout ce qui appartient en propre au cas dont il s'agit.*

Pour se conformer à cette regle, on examinera soigneusement , comme le recommande Stoll (*aa*) , non - seule-

(*aa*) *Cognitis ægri sexu , ætate , conditione etc.* (Stoll, monita.)

ment

ment la marche ordinaire de la maladie,
mais encore le sexe du malade, son
âge, sa profession, son genre de vie,
ses maladies antécédentes et sur-tout
la fievre stationnaire et celle de la saison.
On peut regarder comme très-probable,
comme moralement certain que la fievre
inflammatoire joue le principal rôle, si
la fievre composée attaque un homme
et non pas une femme, si cet homme
est jeune ou dans l'âge viril, s'il a reçu
de la nature une constitution athlétique,
s'il est d'un tempérament plus sanguin
que lymphatique ou bilieux, s'il s'est
livré à des travaux fatigans, si sa nour-
riture ordinaire est succulente, échauffante, s'il est sujet à des maladies in-
flammatoires, si la maladie arrive au
commencement du printemps, si l'on
apperçoit depuis long-temps l'empire

de la fievre inflammatoire sur les autres fievres ; toutes ces circonstances fortifient la conjecture de la prédominance de la fievre inflammatoire, sur la maladie à laquelle elle est unie. Ce sont autant de probabilités qu'on doit tâcher de se procurer, *car il ne suffit pas d'examiner une ou deux probabilités qu'on peut mettre en avant, mais il faut rechercher encore toutes celles qui peuvent venir à notre connoissance et servir à découvrir la vérité.*

Il est très-probable au contraire que, dans la fievre composée de l'inflammatoire et de la bilieuse, cette derniere prédomine quand aux signes qui en constatent la présence se joignent les circonstances qui en favorisent l'empire et la prédominance, telles que son état stationnaire, la saison, c'est-à-dire le

fort de l'été, sur-tout s'il est humide
et brûlant, une habitation mal-saine,
un tempérament bilieux, une nourri-
ture grasse, huileuse, un travail forcé
à l'ardeur du soleil, et sur-tout le ré-
froidissement subit du corps baigné de
sueurs ; si toutes ces circonstances se
trouvent réunies, concluez que la fievre
bilieuse entre dans la formation de la
maladie composée, pour une plus grande
partie que la fievre inflammatoire.

Quand quelques signes annoncent
qu'une fievre composée a pour élémens
une fievre muqueuse et une autre fievre
principale, soit inflammatoire, soit
bilieuse, la probabilité en faveur de la
prédominance de la fievre muqueuse,
est plus forte que la probabilité contraire, si le malade est mou, épuisé,
s'il est d'un tempérament lymphatique,

G 2

s'il se nourrit d'alimens aqueux, s'il
habite un endroit humide et froid, si
la maladie arrive pendant un hiver plu-
vieux, etc.

Lorsqu'on peut se procurer toutes
ces données, elles sont des degrés qui
font approcher de la certitude ; mais
lorsque ces données manquent en tota-
lité ou en partie, alors les conjectures
sont très-faibles, et c'est ce qui arrive
sur-tout dans le passage d'une saison à
une autre ; alors quelquefois la fievre
composée participe également du caractere des deux fievres élémentaires ;
l'une ne domine pas sur l'autre, d'une
maniere sensible. Les probabilités opposées, étant à-peu-près d'une égale
force, font naître le doute et l'incertitude. Dans ces cas, vraiment embar-
rassans, le médecin craint de prononcer

sur le caractere dominant de la maladie , et sur les moyens propres à la
combattre. *Car, dans l'incertitude et
dans le doute, il est presque toujours
très-prudent de suspendre à se déterminer et à agir, jusqu'à ce qu'on puisse
se procurer une plus grande lumiere.*
Aussi la médecine expectante (*bb*) est-
elle, dans ce cas, ordinairement la
meilleure, et l'on doit s'abstenir alors
de tout médicament qui apporte un
changement notable dans l'état du malade. Quelquefois cependant, cette
regle générale souffre des exceptions,
et la médecine agissante est nécessaire
quand, par exemple, la maladie est
composée de la fievre inflammatoire et

(*bb*) Consultez l'excellent mémoire de
Voullone.

G 3

de la fievre muqueuse, de maniere que l'une ne l'emporte pas sur l'autre d'une façon bien sensible : *alors l'homme sage et prudent pese la grandeur du bien et du mal qu'on doit attendre, en prenant tel parti, en se déterminant pour le contraire, ou en restant dans l'inaction.*

On se demandera donc quel bien et quel mal pourroit résulter du traitement rafraîchissant, dans une fievre présumée aussi inflammatoire que muqueuse; quel inconvénient arriveroit si on adoptoit une marche opposée, ou même si l'on se bornoit à la médecine expectante.

Comme il est reconnu par les Sydenham, les Stoll, les Corvisart, et tous les grands maîtres, qu'une méthode plus ou moins rafraîchissante est

utile ou au moins sans inconvénient ,
dans le début de presque toutes les
fievres , (la maligne exceptée); et que,
dans tout concours de fievre inflammatoire avec une autre fievre, le premier
soin doit être de détruire l'inflammation , ou , pour parler plus correcte-
ment , de diminuer l'excitation des
forces organiques du systême vascu-
laire , et de faire, d'une fievre composée, une fievre simple , pour n'avoir
qu'un ennemi à combattre , on se
·décidera pour la méthode appelée anti-
inflammatoire, dont il ne peut résulter
aucun inconvénient, lorsqu'on l'emploie avec prudence et circonspection,
mais qui peut aussi faire le plus grand
mal , si les remedes sont plus rafraî-
chissans et plus débilitans qu'il ne faut,
puisqu'ils produisent alors les fievres

lentes et nerveuses, les langueurs chro-
niques, etc.

Si on penche pour le parti contraire,
si on veut résoudre avec des remedes
salins, incisifs, les humeurs muqueuses,
épaissies, ou évacuer avec des éméti-
ques et des cathartiques, celles qui sont
fondues, il faut bien examiner s'il
n'existe pas d'inflammation, ou si elle
est entierement dissipée, ou si on ne
craint pas de la réveiller par des remedes irritans, de la porter sur les
visceres, ou de produire des éruptions
symptomatiques, d'occasionner des
fievres ardentes, pernicieuses, etc. ...

Si, la maladie étant avancée, l'on
veut rester dans l'inaction et se bor-
ner à la médecine expectante tant
vantée, et avec raison ; dans ce cas,
il faut bien calculer les forces médi-

catrices du principe de vie, pour savoir si elles suffisent dans une maladie
qui attaque principalement des sujets
mous et épuisés ; en un mot, *quelque
parti qu'on prenne, il faut toujours
choisir le plus convenable, le plus sûr,
le plus avantageux, quoiqu'ils aient
tous des inconvéniens, des dangers et
des probabilités défavorables.*

C'est ainsi que les regles de l'art de
conjecturer, apprennent à évaluer les
probabilités qui font conjecturer l'existence d'une maladie, plutôt que celles
d'une autre, ou la prédominance d'une
maladie sur une autre à laquelle elle
est associée. Elles font connoître aussi
dans quelles proportions deux maladies
simples forment une maladie composée,
et à quelle balance on doit peser les

avantages et les inconvéniens de toutes
les méthodes de traitement.

Fin de la premiere Partie.

POST-SCRIPTUM.

J'APPRENDS qu'une plume savante et exercée vient de s'occuper du sujet sur lequel je m'essaie. Je m'arrête au milieu de ma course que je ne continuerai pas avant de connoître l'ouvrage de M. P..., qu'on dit sous presse. Si l'auteur a traité les mêmes matieres que moi, j'abandonnerai

mon travail pour ne pas aug-
menter le nombre des livres
inutiles. S'il les a omises, je
reprendrai ma tâche sur le
plan que je me suis tracé, et
dont on pourra avoir une idée,
en consultant la table des
matieres *traitées* et *à traiter*.

TABLE.

Matieres traitées.

MATIERES

Qui restent à traiter.

Des différentes conjectures relatives au diagnostic des maladies, des conjectures prouvées, faibles ou fausses, suivant le sens donné à ces mots par Condillac.

De l'art de conjecturer l'effet d'un traitement :

= Que toutes les regles de l'art de conjecturer le diagnostic des maladies, trouvent aussi leur application dans le traitement ; démonstration de cette vérité.

Des moyens curatifs, dont le résultat heureux est certain.

(111)

Du traitement dont l'effet heureux est vraisemblable.

Du traitement dont le résultat est douteux.

Des maladies intraitables, c'est-à-dire qui n'ont pas de signes indicatifs :
= Qu'il ne faut pas confondre les maladies intraitables avec les maladies incurables.

De l'art de conjecturer le pronostic des maladies :
= Que l'art de conjecturer le pronostic se réduit le plus souvent à comparer le nombre des cas où arrive un événement dans telles circonstances bien déterminées, au nombre des cas où il n'arrive pas.

Des pronostics certains.

Des pronostics vraisemblables.

(112)

Des pronostics douteux.

Des progrès que l'art de conjecturer en médecine a faits dans le dix-huitieme siecle. Des médecins à qui ces progrès sont dus.

Imprimerie de D.-DUPRÉ, rue des Coutures-St.-Gervais, près l'égout de la Vieille-rue-du-Temple, N°. 446.